DES FORÊTS,

CONSIDÉRÉES

RELATIVEMENT À L'EXISTENCE

DES SOURCES.

Par C. L. A. Mathieu de Dombasle.

A PARIS,

CHEZ BOUCHARD-HUZARD, IMPRIMEUR-LIBRAIRE,
rue de l'Éperon, n. 7.

1839.

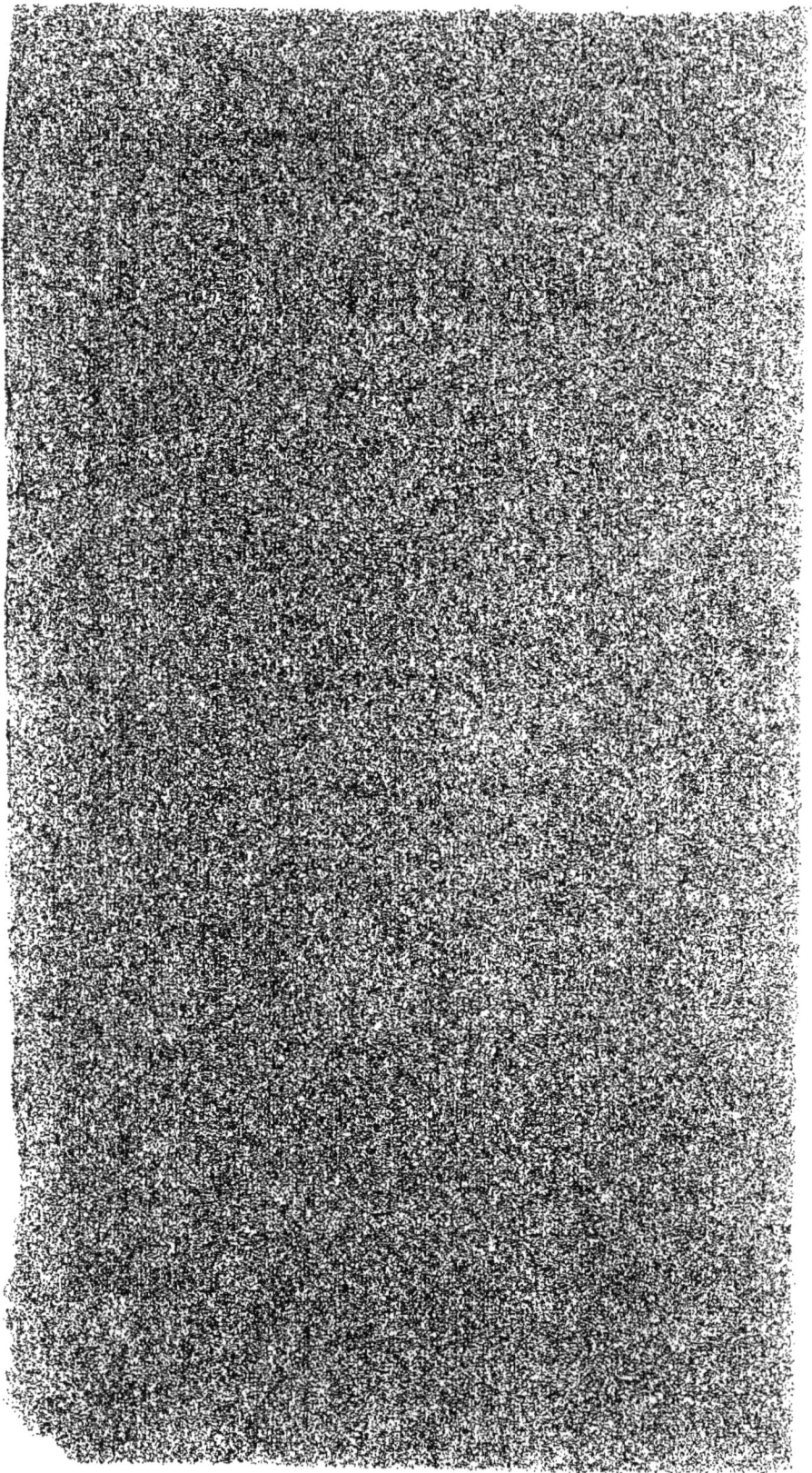

DES FORÊTS,

CONSIDÉRÉES

RELATIVEMENT A L'EXISTENCE

DES SOURCES;

Par C.-J.-A. Mathieu de Dombasle.

Novembre 1839.

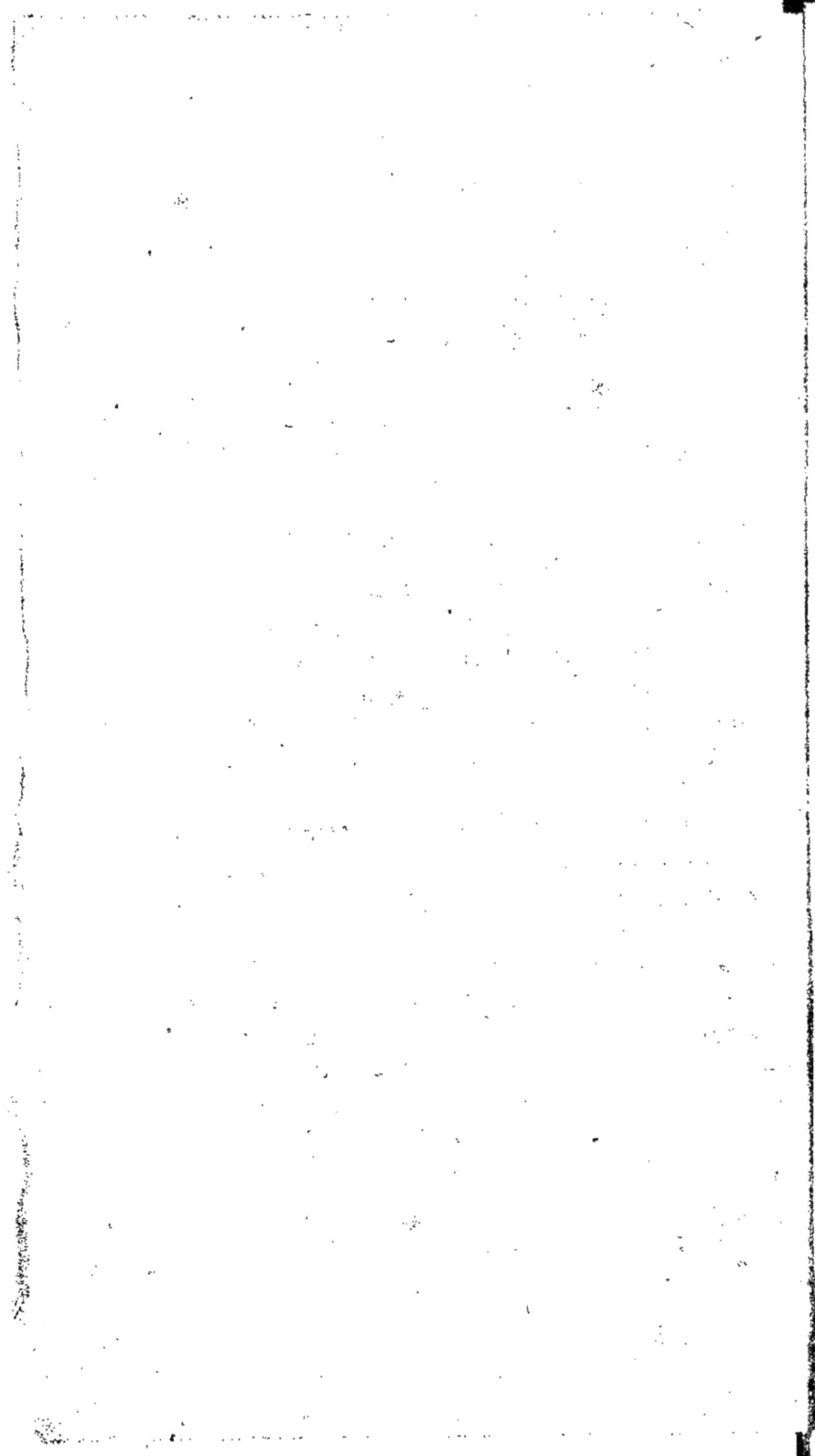

DES FORÊTS,

CONSIDÉRÉES

RELATIVEMENT A L'EXISTENCE

DES SOURCES.

On a beaucoup parlé, depuis le commencement de ce siècle, des influences que l'on attribue au déboisement sur les circonstances météorologiques du pays, et spécialement sur la diminution des cours d'eau qui sont alimentés par des sources. Cette question s'est présentée l'année dernière dans une discussion législative sur la liberté du défrichement des bois. Il m'a paru utile de présenter ici quelques considérations sur ce sujet.

Le déboisement est un effet nécessaire de la civilisation : tout le monde le comprend; mais jusqu'à quel point doit-il être poussé? Quelle proportion de la surface du sol doit rester couverte de forêts; et quelle proportion doit être employée aux autres besoins de l'homme? Convient-il que la législation s'occupe de régler cette proportion, ou convient-il mieux qu'on laisse agir la libre concurrence? C'est là que se présente la divergence des opinions. Mon intention n'est pas de discuter en ce moment ces questions; je veux seulement examiner une opinion qui a commencé, je crois, à se manifester vers la fin du siècle dernier, et qui était évidemment dictée par les craintes qu'inspiraient pour une future pénurie de bois, les défrichements nombreux auxquels on s'était livré pendant la révolution française. C'est alors qu'en voyant tarir certaines sources, on a accusé de ce mal le défrichement des forêts qui les environnaient. On a cité à cet égard tant de faits regardés comme concluants par tout le monde, qu'il semble téméraire de révoquer même en doute une telle influence. Cependant si l'on se dégage de toute prévention pour approfondir cette opinion, on trouvera, je pense, que la question a été mal comprise par la plupart des personnes qui s'en sont occupées.

Beaucoup de sources diminuent graduellement, et quelques-unes disparaissent quelquefois entièrement sur divers points de la surface du pays. D'un autre côté, des défrichements de bois ont eu lieu aussi à des époques plus ou moins reculées, et s'exécutent encore tous les jours dans plusieurs localités : ce sont là des faits constants. Quels rapports lient entre eux les faits de ces deux ordres? Voilà la question.

La géologie ne nous apprend encore que fort peu de chose sur la distribution souterraine des eaux d'où naissent les sources à la surface du sol, ou du moins les connaissances que nous pouvons puiser à cet égard dans cette science se bornent à des généralités assez vagues ; en sorte qu'il est fort difficile de les appliquer à des faits particuliers. A

quelle distance du lieu où l'eau est tombée sous
forme de pluie, cette eau pourra-t-elle sortir de
la terre en formant des sources, dans telle circons-
tance géologique donnée? Que l'on adresse cette
question aux hommes les plus éminents dans les
sciences physiques et naturelles, et je ne crains
pas de dire qu'il n'en est pas un qui voulût entre-
prendre de la résoudre. Quelques faits tendent
seulement à démontrer que cette distance peut
être très grande : par exemple, on rencontre des
sources sur des plateaux qui ne sont dominés par
des sommets plus élevés qu'eux qu'à une distance
de plusieurs lieues. Or, dans l'état actuel de nos
connaissances, on doit croire que cette eau ne
peut arriver là qu'à l'aide de communications avec
des réservoirs souterrains plus élevés que le point
où elle se montre à la surface du sol. Mais cette
source a-t-elle son origine dans telle colline située à deux ou trois lieues, ou dans une autre
distante de dix lieues, ou même dans des montagnes plus éloignées encore? C'est ce qu'on ignore
entièrement. Si l'eau des sources situées ainsi
peut venir d'aussi loin, on conçoit qu'il peut en
être entièrement de même de celles qui jaillissent
sur les flancs des collines ou dans les vallées.

Maintenant, si une source vient à disparaître
d'un point quelconque, qu'on se demande comment il serait possible que l'on jugeât que cela est
dû au défrichement de telle forêt. Un bois a été
défriché et une source a tari : voilà ce qu'on sait ;
mais nos connaissances ne nous fournissent aucun

moyen d'apprécier, même par des présomptions présentant le plus léger degré de probabilité, si ces deux faits sont liés entr'eux par quelque rapport. Que l'on remarque bien cependant que c'est uniquement sur des faits de ce genre que s'appuie la doctrine qui attribue aux déboisements la propriété de faire tarir les sources. Et ici la réunion de mille faits observés n'a pas plus de poids qu'un fait isolé, car il suffit qu'il existe, pour la diminution ou la disparition des sources, une cause générale indépendante des défrichements partiels de bois, pour que ces deux effets se manifestent simultanément sur un grand nombre de points, sans que l'un soit la cause immédiate de l'autre. On peut assigner diverses causes à cette diminution des eaux courantes à la surface du sol. Plus loin j'en indiquerai une qui me semble exercer une action puissante pour produire cet effet.

On a cité aussi, à l'appui de la même opinion, des faits plus généraux. On a dit : tel canton, tel pays est couvert de bois et possède beaucoup de sources, tel autre est déboisé et n'en a que peu; mais qui ne connaît aussi des cantons où les sources sont nombreuses, quoiqu'ils soient fort dégarnis de bois. Les eaux souterraines ne se montrent à la surface du sol sous forme de sources que dans certaines circonstances géologiques qui sont encore peu connues, et il faudrait pouvoir faire la part de ces circonstances pour apprécier l'influence du déboisement. L'attention se porte sur tous les faits qui tendent à favoriser l'opinion que l'on a admise; et si d'autres faits tendent à la détruire, on n'y fait aucune attention. Je me contenterai d'indiquer ici un seul fait parmi ces derniers.

Le vallon de la Meurthe est séparé de celui de la Moselle, au-dessus du confluent de ces deux rivières, par un plateau élevé qui a environ trois lieues de largeur du levant au couchant, entre Nancy et Toul, et dont la longueur est de cinq à six lieues, depuis le confluent des deux rivières au nord, jusqu'au village de Ludres au midi. Ce plateau est presqu'entièrement couvert de bois et forme ce qu'on appelle la forêt de Haie, qui est traversée par les routes de Nancy à Paris, par Toul, et de Nancy à Lyon, par Neufchâteau. Les revers de ce plateau présentent beaucoup de sources : et beaucoup de personnes se persuadent que c'est à l'existence de la forêt qu'elles sont dues. Mais que l'on examine les revers du plateau opposé, sur la rive droite de la Meurthe, dont la hauteur et la formation géologique sont les mêmes que celles du premier; on y trouve également des sources nombreuses et abondantes, quoiqu'il n'existe plus sur ce plateau que de petites portions de bois, le reste ayant été, de temps immémorial, soumis à la culture ou employé comme pâturage. Si l'on parcourt les coteaux qui bordent les vallons de la Meurthe et de la Moselle, soit au-dessus, soit au-dessous de la partie qui est occupée par la forêt de Haie, on y rencontre également des sources aussi nombreuses qu'abondantes. Mais cette forêt présente une particularité qui me semble de

nature à répandre beaucoup de lumières sur la
question qui nous occupe ; et les personnes qui
croient à l'influence du défrichement des bois sur
la diminution des sources, feront bien de visiter
la localité que je vais décrire.

Le plateau qu'occupe la forêt de Haie est sil-
lonné dans sa longueur, du midi au nord, par
deux gorges étroites et encaissées, qui ont évidemment servi de lit autrefois à des cours d'eau. Ces
deux gorges courent à-peu-près dans la même
direction, à la distance environ d'un kilomètre
l'une de l'autre. Ce sont ces deux gorges que
franchit la route royale, entre Nancy et Toul, sur
d'immenses remblais qui portent le nom de ponts
de Toul. Sur ce point ces deux gorges sont très-
profondes. Il y a beaucoup d'analogie dans leur
aspect et dans les circonstances qu'elles présentent
dans leur développement ; mais je ne parlerai ici
que de celle qui se trouve au levant de l'autre,
c'est-à-dire la première que traverse la route en
venant de Nancy. Sur ce point cette gorge peut
avoir deux ou trois cents pieds de profondeur.
Si l'on suit le fond en remontant vers le nord,
on trouve qu'elle se prolonge d'environ deux lieues
jusqu'au centre de la forêt. Le fond est fort uni
et peut être parcouru facilement, parce qu'on a
pratiqué, dans la plus grande partie de sa longueur,
un chemin qu'on fréquente pour l'exploitation de
la forêt.

La gorge reste étroite et encaissée dans toute
sa longueur. Mais sa profondeur diminue à mesure

qu'on s'avance ; et à environ une lieue du point
que je viens d'indiquer, elle n'a plus qu'une cen-
taine de pieds de profondeur. Plus loin encore,
et au point où elle se termine, elle ne forme plus
qu'une légère dépression dans le sol du plateau.
Ce lieu s'appelle dans le canton les *Cinq-Fontaines*.
D'après la tradition, il y existait en effet cinq sources abondantes. Depuis longtemps il n'en subsiste
plus qu'une dont le bassin placé dans le lieu le
plus pittoresque, présente une eau très-limpide.
On trouve encore près de lui les vestiges de deux
autres bassins qui ne se révèlent plus que par un
peu d'humidité sur le sol. Evidemment c'est de là
que partaient, dans les temps anciens, les eaux
abondantes qui alimentaient le courant qui cou-
lait au fond de la gorge, et cette gorge a encore
aujourd'hui une pente très-régulière depuis ce
point jusqu'à son embouchure dans la vallée de la
Meurthe. Mais aujourd'hui la seule source que l'on
rencontre aux Cinq-Fontaines ne fournit qu'une si
petite quantité d'eau que celle-ci se perd par in-
filtration à deux ou trois cents mètres de distance
dela source. Si la forêt eût été défrichée, n'affirme-
rait-on pas que c'est évidemment là la cause de
la disparition des sources ? Mais elle est entièrement intacte, à l'exception des tranchées qu'il a
fallu pratiquer sur les deux routes dont j'ai déjà
parlé, et d'une étendue de cinquante ou soixante
hectares, qui formaient le domaine d'une ancienne
abbaye enclavée dans la forêt, et qui sont encore
aujourd'hui en culture : portions entièrement in—

signifiantes dans une forêt de cette étendue. Il est donc bien certain que la disparition de ces sources est due à une autre cause que le défrichement ; et cette cause, dont je parlerai plus loin, est vraisemblablement la même qui a exercé son influence sur une multitude de sources dont on a attribué la diminution ou la disparition au défrichement des bois du voisinage.

C'est sur les bois qui couvrent les pentes des coteaux que l'on a dirigé principalement les reproches, relativement à la disparition de quelques sources. Ici je n'ai à m'occuper des terrains placés dans cette situation que relativement à la part d'influence par laquelle on peut supposer qu'ils concourent à alimenter les sources ; et je laisse de côté les considérations d'un autre ordre qui peuvent en interdire le défrichement. Sous le rapport de l'existence des sources, il est bien clair que c'est à eux qu'il est raisonnable d'attribuer le moins d'influence relative. En effet, si on laisse de côté les pays de hautes montagnes, qui ne sont pas ceux où l'on a le plus à redouter la disparition des sources, les terrains en pente très-rapide ne forment qu'une partie très-peu importante de la surface d'un pays : ici la centième partie peut-être, là la millième partie, ailleurs beaucoup moins encore. Mais les pluies tombent avec autant d'abondance sans doute sur les plateaux qui dominent les terrains en pente que sur ces derniers. Il est même bien facile de comprendre que la même quantité d'eau de pluie tombant sur le plateau, contribuera beaucoup plus à alimenter les sources que celle qui tombe sur le revers incliné du coteau, parce que cette dernière s'écoule rapidement à la surface et forme des ravins sur un terrain en pente ; tandis que la pluie pénètre le sol en bien plus grande proportion, lorsqu'elle tombe sur un terrain plat ou peu incliné. Ainsi, en n'ayant égard qu'à la situation du sol, et sans considérer s'il est ou non couvert de bois, il est certain que les pluies qui tombent sur les pentes rapides n'ont qu'une part presqu'imperceptible dans l'alimentation des sources qui surgissent à la surface du sol ; et s'il était vrai que l'existence des forêts contribue à faire pénétrer davantage dans le sol, pour l'alimentation des sources, l'eau des pluies qui tombe à la surface, c'est surtout sur les plateaux qu'il importerait de conserver les bois. L'opinion contraire n'a pu naître que d'un jugement entièrement erroné sur l'origine des sources qui se montrent ordinairement sur le penchant des collines ou à leur pied. On a été disposé à rapprocher par la pensée la cause de l'effet, et on a placé tout près de la source le lieu où l'eau qui la forme a dû pénétrer dans le sol par l'effet de la chute des pluies ; tandis que tout nous porte à croire que cette eau a parcouru de très-grandes distances par des voies qui nous sont entièrement inconnues, avant de venir se montrer à la surface du sol sous forme de source.

Il a bien fallu que l'on expliquât comment l'existence des forêts pouvait contribuer à alimenter les

★

sources. On a dit que les arbres attirent les pluies et qu'ils entretiennent à la surface du sol une fraîcheur qui permet à l'eau d'y pénétrer en plus grande proportion. Mais que l'on veuille bien examiner, toute préoccupation à part, si ces assertions ont quelque fondement. D'abord, distinguons les effets qui peuvent être causés par la présence des bois, de l'influence que peuvent exercer les masses de montagnes sur la direction des nuages et sur leur résolution en pluie. Cette dernière influence, je ne veux pas m'en occuper ici, car elle est étrangère à notre sujet. Mais pour étudier les effets qui peuvent être exercés sur les météores par les bois, indépendamment de la configuration du sol qu'ils couvrent, il faut observer ces effets dans les plaines ou sur les collines peu élevées, auxquelles on ne peut pas supposer une influence appréciable sur la marche des nuages. Parmi les personnes habituées à fréquenter les campagnes, il n'en est aucune qui, si elle y a apporté quelque attention, n'ait pu observer une multitude de fois des faits propres à éclairer parfaitement son opinion sur ce point. Tantôt se trouvant dans une plaine à la proximité d'un bois, on peut juger si la pluie tombe en plus grande abondance sur l'un que sur l'autre; ou bien, placé sur un point un peu élevé, l'observateur dominant une plaine entrecoupée de bois peut voir comment se distribuent les frangeons de la pluie que déverse un nuage orageux ou non. Il est certain que toute personne qui se livrera à ces observations, en se dégageant de tout esprit de système, aura bientôt des idées arrêtées sur ce point et demeurera convaincue que la pluie tombe indifféremment sur les terres en culture comme sur les bois.

On a mis l'électricité en cause pour expliquer je ne sais quelle mystérieuse faculté d'attirer la pluie que l'on supposait aux arbres ; mais on n'a pas même cherché à formuler en théorie les lois d'après lesquelles cette action s'exercerait. On s'est borné à des idées vagues qu'il serait super-flu d'examiner sérieusement. Au reste, le premier point est de savoir si le fait est vrai, car s'il ne l'est pas, on peut se dispenser d'en chercher l'ex-plication. Or, je répète ici que le fait est dénué de toute espèce de fondement ; et si l'on a pu lui donner quelque apparence de vérité, c'est qu'on a trop souvent confondu l'influence des hautes mon-tagnes avec celle des forêts qui les couvrent sou-vent.

Mais enfin, à l'aide de la fraîcheur et de l'om-brage des forêts, l'eau qui y tombe sous forme de pluie ne peut-elle pas s'infiltrer en terre en plus grande proportion, pour alimenter les sour-ces ? L'observation de quelques faits suffira encore pour éclairer cette question. Que l'on observe d'a-bord ce qui se passe, lorsque la pluie tombe sur un grand arbre isolé dans une plaine : l'eau est d'abord arrêtée dans sa chute par le feuillage ; mais comme les feuilles présentent aux vents, ou même au moindre mouvement de l'air, un très-grand développement de surface, il s'y produit une

évaporation qui suffit pour absorber l'eau à mesure qu'elle tombe, si la pluie n'est que modérée ;
en sorte que la surface du terrain placé au-dessous
de l'arbre ne reçoit aucune parcelle de pluie. Et
si cette dernière est trop abondante pour que la
totalité de l'eau puisse s'évaporer à la surface des
feuilles, il n'en tombe au-dessous de l'arbre
qu'une petite quantité, en comparaison de celle
qui pénètre le terrain en dehors de sa circonfé-
rence. Les divers arbres, selon leur espèce, abri-
tent ainsi plus ou moins efficacement le terrain
qu'ils couvrent ; mais tous, sans aucune exception,
diminuent beaucoup la proportion d'eau qui arrive
sous leur abri jusqu'à la surface du sol.

Les choses se passent entièrement de même
sous les arbres réunis en corps de forêt. Il arrive
souvent qu'après une pluie de quelques heures,
qui a pénétré la terre à plusieurs pouces de profondeur sur la rive de la forêt, le sol a reçu à
peine quelques gouttes sous l'abri des arbres qui
la composent ; et si après des pluies même fort
durables, on creuse le sol sur divers points dans
la forêt et dans les terrains découverts qui l'avoisinent, on trouvera toujours que la terre est hu-
mectée dans ces derniers à une profondeur beaucoup plus grande que dans la forêt.

D'un autre côté, dans les temps secs et chauds,
l'évaporation qui se produit à la surface des feuilles
d'un arbre est beaucoup plus considérable que celle
qui a lieu à côté, sur une étendue de terre égale à
celle que l'arbre couvre : d'abord parce que les

feuilles d'un arbre présentent, dans presque toutes les espèces, un bien plus grand développement de surface que le terrain qui est placé sous lui, et ensuite parce que l'évaporation y est favorisée par la transpiration, qui est une fonction de la vie du végétal. La fraîcheur que l'on éprouve dans les forêts, lorsqu'on s'y trouve abrité par les arbres des rayons du soleil, a sa principale cause dans l'abondante évaporation qui a lieu constamment sur la surface des feuilles ; car on sait que cette évaporation est toujours accompagnée d'une grande absorption de calorique. L'air qui se rafraîchit ainsi dans les parties supérieures des arbres, descend, par le seul effet de sa pesanteur spécifique, jusque sur le sol placé au-dessous, où il forme un courant frais continu. On ne peut supposer que l'air ainsi rafraîchi dépose, du moins dans la plupart des cas, sur la surface du sol, l'eau qu'il tient en dissolution ; car cela ne pourrait avoir lieu que que dans le cas où la terre se trouverait plus froide que cet air. L'air qui forme le courant descendant est donc sans cesse remplacé par de nouvelles masses d'air frais, qui force le premier à remonter pour se répandre dans l'atmosphère ; et c'est pour cela que l'on voit souvent des brouillards et des nuages se former au-dessus des forêts plus fréquemment et en plus grandes masses qu'au-dessus des terrains découverts. Mais l'évaporation qui a lieu à la surface des feuilles ne peut s'exercer que sur l'eau que l'arbre soutire du sol par ses racines.

Ces faits sont constants ; et lorsqu'on les observe

avec attention, on a peine à comprendre comment la végétation des arbres se soutient pendant les saisons sèches, dans un sol toujours beaucoup moins humide que celui des terrains découverts. En hiver, du moins pour les arbres à feuilles caduques, le sol des forêts est détrempé par les pluies et par la fonte des neiges à-peu-près autant que les terrains découverts. Pendant le reste de l'année la couche supérieure du sol doit tirer constamment aussi de l'humidité des couches inférieures, au moyen de l'attraction capillaire. Je me suis demandé quelquefois si l'eau que les feuilles des arbres absorbent pendant les temps humides et qui se distribue certainement dans toutes les parties de la plante, ne peut pas aussi se transmettre par la voie des racines au sol lui-même, et lui rendre ainsi une certaine humidité. Mais en observant les faits avec attention, je n'ai rien trouvé qui pût autoriser cette supposition ; et dans le voisinage immédiat des radicules des arbres, aussi bien que dans les autres parties du sol des forêts, la terre semble également desséchée et toujours beaucoup plus que dans les terrains découverts placés à proximité. Il résulte de tout cela que le sol des forêts ne fournit pas plus d'eau pendant l'hiver, pour l'alimentation des sources, que les sols découverts, et qu'il doit en fournir moins pendant l'autre moitié de l'année.

Des observations que je viens de faire, on peut conclure que l'eau des pluies qui tombe sur les forêts, au lieu d'alimenter les sources, remonte en beaucoup plus grande proportion que partout ailleurs dans l'atmosphère, sous forme de fluide aériforme, en sorte qu'il peut en résulter des pluies plus fréquentes dans les pays très-boisés : l'existence des forêts paraît donc tendre à favoriser la circulation de l'eau dans l'air plutôt que dans le sein de la terre. Il est vraisemblable qu'il en est ainsi. Mais il faut toujours considérer relativement à des surfaces de pays très-étendues, les effets qui peuvent résulter des causes de ce genre ; car l'eau qui s'est évaporée à la surface des feuilles d'une forêt ne retombera peut-être en pluie que longtemps après, et après avoir été transportée à de grandes distances par les courants atmosphériques. Aussi, l'on se trompera certainement lorsqu'on croira apercevoir quelque relation de ce genre entre des faits observés sur la surface d'un canton, d'un arrondissement ou d'un département.

Je me suis peut-être étendu trop longuement sur ces idées ; mais il m'a paru utile de soumettre à un examen scrupuleux les bases d'une opinion généralement répandue, mais entièrement erronée à mon avis, et qui attribue à l'existence des forêts une haute importance pour la conservation des sources placées dans leur voisinage. Au reste, si cette opinion est très-généralement répandue en France, elle n'est pas universelle ; et je citerai le fait suivant comme exemple d'une opinion diamétralement opposée.

Dans la province de Liége, en Belgique, et

dans le voisinage immédiat de la frontière de la Prusse, se trouve une petite rivière, la Vesdres, dont la pente est fort rapide jusqu'à son embouchure dans l'Ourthe, et dont les eaux servent de moteur à plusieurs centaines d'usines ou de fabriques. Les sources de la Vesdres sortent des flancs d'une montagne dont le sommet plat, d'une lieue carrée environ, est entièrement nu. Cette montagne domine les villes de Verviers, en Belgique, et d'Eupen, en Prusse.

Sous la domination impériale, l'administration voulut reboiser le plateau de cette montagne, qui est occupé par des pâturages communaux de nature tourbeuse dans plusieurs de leurs parties. Les fabricants intéressés dans les usines de la Vesdres en conçurent de vives alarmes, et prétendirent que l'on risquait de faire tarir, par ce reboisement, les sources de la rivière. Ils adressèrent à l'autorité des pétitions énergiques, auxquelles se joignirent celles des autorités et des principaux habitants des villes de Verviers et d'Eupen. Le même projet s'étant renouvelé sous la domination hollandaise, il fut suivi des mêmes réclamations; et l'exécution du reboisement reste encore suspendue. Depuis la révolution de 1830, l'administration forestière belge ayant repris ces projets, des réclamations vives et unanimes de tous les intéressés à la conservation des sources de la Vesdres, furent encore adressées au gouvernement, et l'affaire est pendante en ce moment dans les conseils du gouvernement de la Belgique.

Ce fait peut servir du moins à montrer jusqu'à quel point les populations, même les classes éclairées, peuvent se laisser entraîner à des opinions entièrement opposées, par l'observation des faits qu'offre telle ou telle localité, en ce qui regarde l'existence des sources. Je ne voudrais pas assurer que les craintes manifestées par les industriels belges sont bien fondées; mais elles me semblent plus rationnelles que celles que l'on conçoit dans beaucoup d'autres localités, de voir disparaître certaines sources par l'effet du défrichement des forêts qui les avoisinent.

Sans doute des causes qui nous sont inconnues peuvent faire diminuer ou disparaître certaines sources, ou même opérer une diminution générale des eaux courantes à la surface du sol; mais je vais exposer ici une cause générale qui me semble tendre à faire diminuer sans cesse l'abondance d'un grand nombre de sources, et en faire disparaître graduellement plusieurs. On verra comment cette cause est indirectement liée au défrichement des forêts.

Les sources doivent leur origine à la différence de niveau entre les diverses parties de la surface du sol; et leur abondance et leur multiplicité sont, toutes choses égales d'ailleurs, en rapport avec cette différence. C'est ainsi que dans les pays de montagnes, où les différences de niveau sont très-considérables, les sources sont multipliées et abondantes; tandis qu'elles sont rares dans les pays de plaines, où le sol ne présente que de faibles différences

de niveau. C'est là un fait que la science explique assez bien. Mais depuis que les continents existent, il est une cause qui tend perpétuellement à diminuer cette différence de niveau, en abaissant les hauteurs et en élevant le sol des vallées. Cette cause est la chute des pluies, qui entraînent sans cesse, par la voie des cours d'eau, petits ou grands, la terre des lieux élevés vers les lieux bas. Il est certain que cette cause exerce une action beaucoup plus rapide dans les pays habités que dans ceux où le sol n'a pas encore été soumis à la culture, parce que la surface de la terre se trouvant découverte et remuée par les cultures, est bien plus facilement entraînée par les eaux de pluie que lorsqu'elle est abritée par des arbres, ou seulement retenue par les racines du gazon qui couvre naturellement les terrains abandonnés à l'état de nature. D'ailleurs, indépendamment de l'action des eaux, il est certain que toutes les fois qu'un sol en pente est remué par les instruments employés à la culture, la terre tend toujours à descendre du côté où le sol est incliné; et à deux ou trois ans d'intervalle seulement cet effet se remarque très-bien, même sur les sols qui n'ont pas une forte inclinaison.

Tous les observateurs attentifs peuvent remarquer les effets qui se produisent ainsi, non-seulement par la suite des siècles, mais dans un espace de temps beaucoup plus court: dans une multitude de localités, on remarque que les anciens bâtiments situés dans les vallées sont beaucoup plus enfoncés que ceux qui ont été récemment construits ; et souvent le seuil de la porte d'entrée des premiers se trouve considérablement abaissé au-dessous de la surface du terrain environnant, quoiqu'il ait certainement été construit au niveau du sol, ou même un peu au-dessus, comme c'est l'usage constant à toutes les époques. D'un autre côté, il est certaines situations où l'on observe avec évidence l'abaissement des hauteurs, parce que l'on aperçoit de tels points la flèche d'un clocher ou une roche située au-delà du sommet d'une colline, et que l'on ne pouvait pas voir cinquante ou soixante ans auparavant. C'est là une remarque que l'on entend fréquemment sortir de la bouche des habitants âgés des campagnes, dans les localités où la situation du terrain a pu fournir l'occasion d'observer les faits de ce genre.

On comprend bien, au reste, que quand même le fait de l'abaissement des sommets et de l'exhaussement des vallées ne serait pas démontré par des observations directes, il serait hors de doute, puisqu'aucune cause ne peut faire remonter la terre que les eaux font sans cesse descendre des hauteurs dans les vallées. Toutes les fois que les eaux des ruisseaux et des rivières sont troubles, comme cela a lieu pendant la durée des pluies, la terre qu'ils charrient ainsi se déposera sous forme de limon sur divers points de leurs cours. Lorsqu'on considère quelle immense proportion du sol de nos vallées et même de nos collines a pour origine évidente des dépôts ainsi formés,

on comprend toute l'étendue de l'action d'une
cause qui a déjà produit d'immenses modifications
dans la configuration du sol que nous habitons et
dans l'existence des couches qui le forment. Cette
cause se renouvelle sans cesse sur tous les points
de la terre ; mais son action se continuera jusqu'à
ce que la surface du sol soit arrivée à un nivellement complet, mais en diminuant d'intensité, à
mesure que les différences de niveau deviennent
moins grandes. On comprend aussi que la diminution graduelle des sources est un résultat nécessaire de ce nivellement ; en sorte que la masse de
tous les cours d'eau doit diminuer sans cesse sur
la surface du sol. Ces cours d'eau sont remplacés
par des courants souterrains qui ne peuvent plus
arriver au jour, faute de rencontrer des vallées
assez profondes pour qu'ils y jaillissent sous forme
de sources.

L'abaissement des montagnes qui renferment
les réservoirs souterrains d'où proviennent les
sources, peut aussi causer la diminution ou le ta-
rissement de ces dernières ; mais je crois que la
cause la plus fréquente de cet effet se trouve dans
l'exhaussement des vallées où les sources se montrent. On peut remarquer en effet que presque
toutes les sources dont on signale la diminution
ou la disparition, se trouvent au pied des coteaux,
dans des positions où le sol a pu s'exhausser progressivement depuis fort longtemps. D'après l'ins-
pection du local, c'est du moins évidemment là
le cas pour les sources dont j'ai parlé, en décrivant

le lieu appelé les *Cinq-Fontaines*; et j'ajouterai
que c'est dans des positions analogues que j'ai
trouvé toutes les sources que j'ai eu l'occasion d'observer, et qui m'ont été indiquées comme ayant
subi une diminution ou comme ayant disparu. On
comprend facilement qu'une source qui sortait à
mi-côte se trouvera, dans un temps plus ou moins
long, au pied du coteau, par suite de l'exhaussement de la vallée, et il est facile de se rendre
compte de ce qui arrivera, lorsque l'exhaussement
du sol se sera accru encore davantage. Dans de
telles circonstances il doit certainement se passer
quelque chose de semblable à ce que l'on observe,
relativement aux puits forés : dans un grand nombre de ces derniers l'eau extraite des réservoirs
inférieurs ne peut s'élever sur la surface du sol ;
mais elle jaillirait certainément sous forme de
source, si le terrain était abaissé dans une certaine
proportion ; en sorte que dans une localité où l'on
eût obtenu, seulement il y a quelques siècles, une
source jaillissante par ce moyen, on ne peut l'ob-
tenir par suite de l'exhaussement du sol. Dans les
sondages qui donnent une eau jaillissante à la
surface, on remarque que le produit diminue dans
une proportion rapide, à mesure qu'on veut élever
le jet à une plus grande hauteur au-dessus du
terrain. Ainsi, dans telle partie d'une vallée où
l'on obtient aujourd'hui d'un sondage un jet qui
s'élève au-dessus de la surface, on peut prévoir
que ce jet diminuera progressivement et dispa-
raîtra par la suite des temps, par le seul effet de

l'exhaussement de la vallée, et en supposant que toutes les circonstances resteront d'ailleurs les mêmes sur tout le reste de la surface du pays, en supposant surtout qu'il n'y aurait été opéré aucun défrichement de forêts. Qui ne reconnaîtrait là l'histoire de beaucoup de sources que l'on voit diminuer progressivement ou disparaître?

Le sol des continents s'use donc par l'habitation de l'homme; et c'est par l'effet de l'aridité ou du défaut d'eau qu'il cessera d'être habitable. Ce sont là des vérités qu'il est impossible de révoquer en doute; et tout porte à croire que c'est par l'effet de cette cause que l'on a vu disparaître ces populations nombreuses et florissantes qui habitaient quelques parties du centre de l'ancien continent, que les souvenirs historiques nous présentent comme le berceau de la civilisation. Là des déserts arides remplacent aujourd'hui des plaines jadis fertiles; et des sources qui les arrosaient, il n'en reste que quelques puits dont l'eau ne peut s'élever jusqu'au-dessus de la surface du sol, et qui suffisent à peine à désaltérer les hommes et les animaux des caravanes qui traversent ces déserts.

La cause de la diminution graduelle ou de la disparition des sources ne paraît donc nullement problématique: c'est le nivellement graduel du sol. L'état de civilisation accroît beaucoup les effets de cette cause, parce qu'elle exige impérieusement la mise en culture d'une portion d'autant plus grande de la surface du sol que la population est plus nombreuse. C'est donc là un mal qu'il est impossible d'éviter. Maintenant, jusqu'à quel point peut-on espérer de l'atténuer par des dispositions législatives qui apportent des restrictions au défrichement des forêts? Ce n'est pas aux forêts que devrait se borner cette restriction, si elle était faite dans ce but. Il faudrait défendre aussi de défricher les sols couverts de landes et de bruyères, et en général toute espèce de terrain inculte, car le travail de la charrue ou de la bêche facilite beaucoup l'action par laquelle les eaux pluviales entraînent la terre dans les vallées : ensuite et pour ne parler que des forêts, il faut considérer que ce n'est pas, comme je l'ai montré, par une action directe et immédiate que le défrichement peut tendre à diminuer l'abondance des sources. Il est bien probable même qu'après qu'une forêt a été défrichée, l'eau des pluies qui tombent sur cette surface de terrain pénètre avec plus d'abondance dans l'intérieur du sol pour l'alimentation des sources, qu'elle ne le faisait auparavant; mais cet effet ne peut être aperçu dans la plupart des cas, d'abord parce que la surface des bois défrichés dans le cours d'un siècle, par exemple, est toujours fort peu de chose, relativement à la surface totale d'un pays, et peut-être aussi parce qu'il se complique avec les effets d'une cause générale toujours agissante de diminution des sources. Ce n'est qu'indirectement et en favorisant le nivellement de la surface du sol, que de nouveaux défrichements de bois accroissent cette cause générale de diminution, et l'effet ne peut s'en faire sentir que dans un temps fort éloigné.

Je me suis laissé entraîner à exposer ici les idées que je me suis faites sur une cause générale de diminution des eaux sur la surface du sol, surtout dans les pays habités. Dans ma conviction, ces idées sont bien l'expression des faits; mais comme je ne voudrais pas que l'on crût qu'il existe un rapport nécessaire entre ces idées et celles qui font le but principal de cet écrit, je prie les personnes qui me liront de distinguer soigneusement ces deux ordres d'idées. Et quand même on considérerait comme erroné ou problématique ce que j'ai dit sur une cause générale de diminution des eaux courantes à la surface des continents, cela n'affaiblirait en rien les motifs sur lesquels j'ai appuyé l'opinion que j'ai énoncée sur la nullité de l'influence qu'on attribue aux déboisements partiels, relativement à l'existence des sources qui les avoisinent.

NANCY. — Imp. de A. PAULLET, passage du Casino.

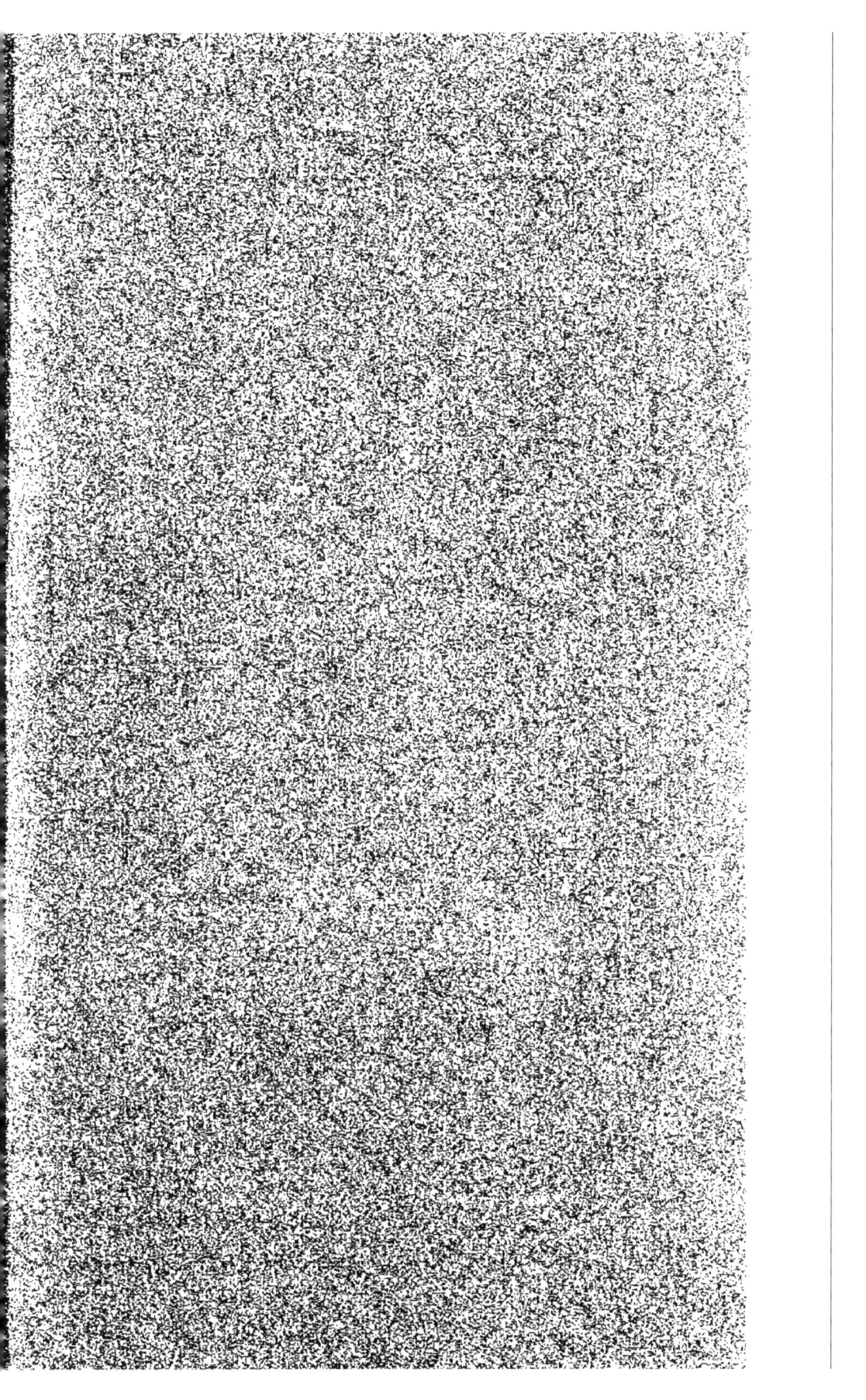

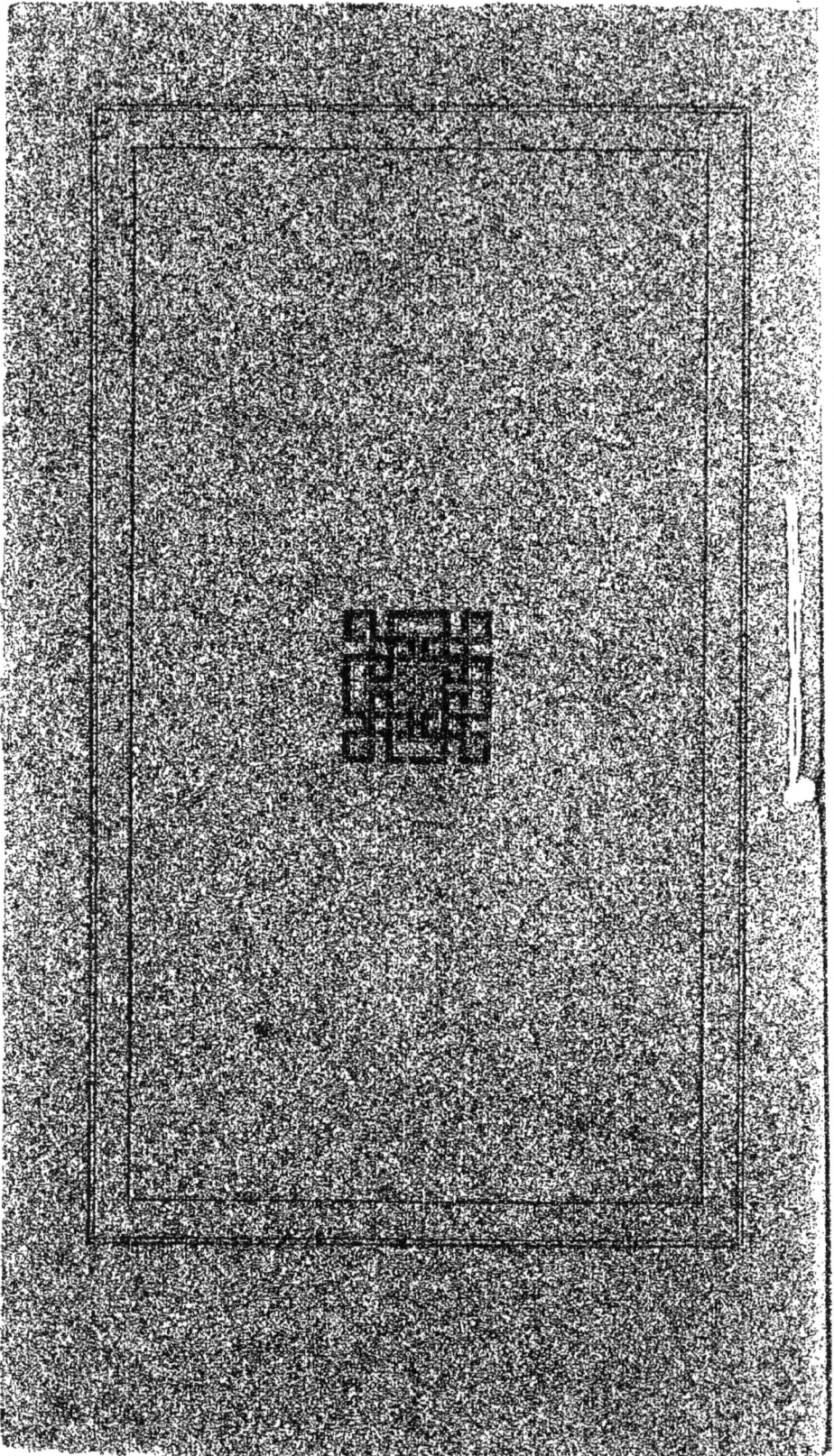

www.ingramcontent.com/pod-product-compliance
Lightning Source LLC
Chambersburg PA
CBHW070754210326
41520CB00016B/4689